CHLORHYDRATE DE PHÉNOCOLLE

ANCIENNE MAISON

E. SCHERING

Fabrique de Produits Chimiques

SOCIÉTÉ PAR ACTIONS

BERLIN N.

CHLORHYDRATE DE PHÉNOCOLLE

FABRIQUÉE PAR

ANCIENNE MAISON

E. SCHERING

FABRIQUE DE PRODUITS CHIMIQUES

Société par Actions

BERLIN N.

Müllerstrasse 170/171.

SE TROUVE:

CHEZ TOUS LES DROGUISTES & PHARMACIENS

CHLORHYDRATE DE PHÉNOCOLLE

Le produit se présente sous forme d'une poudre blanche en tout petits cristaux, et représente le chlorhydrate de l'amido-acéto-para-phénétidine, soit une base tirée du glycocolle et de la phénétidine par disparition d'une molécule d'eau.

Le chlorhydrate de phénocolle se dissout dans environ seize parties d'eau à 17°c. : la solution est neutre.

Dans l'eau chaude, le chlorhydrate de phénocolle cristallise, après refroidissement, en cubes semblables à ceux que donne l'antipyrine : dans l'alcool (mais seulement dans l'alcool bouillant), il donne des aiguilles.

Les alcalis caustiques et les carbonates alcalins précipitent la base (phénocolle pur) sous forme d'aiguilles blanches enchevêtrées, fondant à 95°c. environ, dans une solution du chlorhydrate.

La base pure est très soluble dans l'eau chaude, mais en revanche presque insoluble dans l'eau froide; il est donc préférable d'utiliser le chlorhydrate.

La base pure se dissout assez facilement dans l'alcool,

mais l'éther, le benzol et le chloroforme n'en dissolvent que de minimes parties.

La base résiste assez bien aux solutions diluées bouillantes des alcalis caustiques et des carbonates alcalins : il faut une cuisson prolongée pour obtenir un dédoublement en phénétidine et glycocolle.

Il en est de même en présence d'acides dilués ; l'acide chlorhydrique concentré n'arrive, en effet, qu'au bout d'une cuisson prolongée à décomposer le phénocolle, mais en partie seulement, en phénétidine et glycocolle.

Clinique du Dr Gerhardt

LE CHLORHYDRATE DE PHÉNOCOLLE

Nouvel Antithermique et Antirhumatismal

D'après les travaux du medecin d'Etat-Major le Dr HERTEL, assistant à la Clinique.

(Ce travail a paru dans la "Deutsche Medicinische Wochenschrift",
n° 15, 1891.)

Vers le milieu de février, la fabrique de produits chimiques (anciennement E. Schering) envoya à la clinique, pour le faire soumettre à l'expérimentation, du chlorhydrate de phénocolle, dont nous avons donné ci-dessus les propriétés physico-chimiques : ajoutons que ce produit, à l'état anhydre, fond à 100,5° c.

Le professeur H. Kobert, de Dorpat, a reconnu que chez les animaux, le phénocolle n'est absolument pas toxique, même injecté dans le torrent circulatoire : le sang, si facilement modifié par la plupart des antithermiques, n'est pas intoxiqué par le nouveau produit.

Le professeur v. Mering, de Halle, n'a pu produire aucune réaction appréciable sur un gros lapin, avec une dose de 1 gr. 50 de chlorhydrate de phénocolle. Des essais, institués sur des fébricitants (fièvre typhoïde, pneumonie), montrèrent que le médicament est un antithermique sur lequel on peut compter, car, à la dose d'un gramme, il abaisse de près de 2° la température, sans provoquer de cyanose ou de collapsus. La transpiration n'est pas plus abondante qu'avec des fortes doses d'antipyrine. Un gramme de phénocolle correspond, comme action antithermique, à 1 gr. 50, même 2 gr. d'antipyrine, ou à 1 gramme, ou 0 gr. 8 de phénacétine.

Le sel nouveau, employé à diverses reprises par plusieurs praticiens, aux doses à 0 gr. 5 à 1 gramme, s'est montré un médicament nervin et anti-névralgique puissant.

Ces communications préalables décidèrent le Dr Hertel à employer le chlorhydrate de phénocolle, aux doses de 0 gr. 5 à 1 gramme, en solution aqueuse, comme antithermique et antirhumatismal dans les cas suivants :

1° Kr..., 32 ans : Tuberculose pulmonaire avec cavernes. Entré le 9 décembre 1890.

Au début, un peu de fièvre vespérale, mais à partir du 21 décembre fièvre hectique continue, oscillant entre 38° et presque 40° : la quinine et même l'antipyrine ne produisent aucune amélioration.

Le 21 février, deux doses du produit en expérience, d'un gramme chaque, sont données à quatre heures d'intervalle : on n'observe pas de troubles cardio-pulmonaires. L'amertume du médicament ne provoque aucun dégoût chez le malade. La médication est continuée, à doses journalières, variant de 0 gr. 50 à 3 grammes, jusqu'au 2 mars, jour de la mort du malade : pendant toute cette période, l'ingestion du produit n'a causé aucun trouble des organes cardio-pulmonaires et digestifs : la fièvre baissait dans le cours de la journée d'un degré environ, sous l'influence d'une dose d'un gramme, et cela en peu d'heures. Le 27 février surtout, une seule dose d'un gramme amena, en une heure, un abaissement de 1°,50 (40°,4 à 38°,6). L'action cessait en général rapidement, mais la température remontait chaque fois sans aucun phénomène subjectif désagréable, tel que frisson ou transpiration.

A partir de la fin du premier jour d'administration du phénocolle jusqu'à la mort du malade, les urines présentèrent une coloration brun-rougeâtre foncée, même noirâtre, très caractéristique; quelquefois, l'exposition prolongée à l'air augmentait cette coloration : chaque fois on décela la présence d'indican et d'hydro-bilirubine. Le perchlorure de fer liquide augmentait la coloration que l'acide sulfurique concentré arrivait à éclaircir légèrement sans la faire disparaître. La lumière réflectée à travers le bocal faisait naître une teinte verdâtre caractéristique.

2° H..., phtisie pulmonaire avec cavernes ; cet ouvrier, âgé de de 30 ans, est reçu à la clinique, le 17 février 1890.

La fièvre hectique, dont souffre le malade depuis un certain temps déjà, a résisté à l'emploi de la quinine et de l'antipyrine.

A partir du 1er mars, on prescrit des doses de phénocolle de 0 gr. 50 (six à deux par jour), jusqu'au 4 mars inclusivement : on n'a pas observé, pour ainsi dire, d'effet antithermique. Les urines présentent les mêmes modifications que chez le malade précédent. Pas de troubles subjectifs ou objectifs.

3° R..., 23 ans, ouvrier en meubles, reçu le 2 janvier 1890. Tuberculose pulmonaire avec cavernes.

Fièvre hectique continue, grande faiblesse. Les doses de 0 gr. 50 de phénocolle n'abaissent pas la température et l'on est obligé de suspendre le médicament, qui provoque du dégoût et des nausées.

4° L...., 45 ans, commissionnaire, reçu le 17 dé-cembre 1890. Phtisie avec cavernes.

Fièvre hectique irrégulière, qu'aucun médicament n'a pu influencer jusqu'à ce jour.

Le chlorhydrate de phénocolle, employé du 22 au 25 mars, aux doses de 0 gr. 50 (1 à 4 par jour), n'a pas eu d'effet antithermique appréciable : les urines présentent la coloration caractéristique : pas de modifications de l'état général qu'on puisse attribuer à l'action du produit.

5° H...., maçon, 32 ans, rhumatisme articulaire aigu, reçu le 21 février 1891.

De 1878 à décembre 1890, quatre attaques de rhumatisme articulaire aigu de moyenne intensité. Le 19 février 1891, attaque brusque polyarticulaire, intéressant jusqu'aux articulations de la partie inférieure du rachis.

A l'entrée, 39°; douleurs violentes, s'opposant presque absolument à l'exécution des mouvements actifs.

On prescrit 5 grammes d'antipyrine par jour et de la morphine le soir, puis du salicylate de soude (5 grammes par jour), enfin de l'antifébrine.

Du 22 au 28 février, pas d'amélioration : ce jour-là le malade prend encore 0 gr. 50 d'antifébrine le matin, et de 3 à 7, toutes les deux heures, 1 gramme de chlorhydrate de phénocolle. La température, qui est de 38°,1, n'est pas influencée.

1er mars. — Le malade a mal dormi, les douleurs ayant augmenté, on donne 1 gramme de phénocolle toutes les trois heures (5 grammes en tout).

2 mars. — Amélioration considérable. Encore un peu de gonflement articulaire. Endolorissement de la région cervicale. Les mouvements actifs, auparavant impossibles, peuvent être exécutés sans grandes difficultés. Les réactions de l'urine comme ci-dessus. Prescription, 5 grammes comme la veille.

3 mars. — Le sommeil a été bon. Encore quelques douleurs légères. Prescription comme la veille.

4 mars. — La nuit a été bonne. Il ne persiste plus qu'un peu de sensibilité de la région cervicale. Même prescription. A la contre-visite du soir, le malade ne se plaint plus, toutes les articulations sont libres.

La température oscille à partir de ce moment entre 36,5 et 37,5.

Du 5 au 14 mars, on donne de l'antipyrine (2 à 3 grammes par jour), la provision de phénocolle étant épuisée. A partir du 10 mars, nouvelle exacerbation à peine influencée par une dose de 5 grammes d'antipyrine par jour et de phénacétine (0 gr. 25, cinq fois par jour). Le malade gémissait et redemandait du phénocolle. A partir du 19 mars, la clinique se trouve en possession d'un nouvel envoi du produit ; on en donne 5 grammes par jour au patient qui, depuis le 21 mars, est définitivement débarrassé de ses douleurs et ne garde plus le lit.

Le phénocolle n'a pas abaissé dans ce cas grave la température, mais, en revanche, on a pu constater un effet excellent sur les déterminations articulaires. Au huitième gramme, l'amélioration se montrait, et avec elle l'abaissement de température. Le phénocolle n'a donné lieu à aucun phénomène désagréable : la sécrétion sudorale, entre autres, n'a pas été influencée. L'urine a, chaque fois, présenté la réaction caractéristique.

6° H..., cocher, 24 ans. Entré le 5 mars 1891. Rhumatisme articulaire aigu. Endocardite mitrale et aortique, péricardite. Ce malade a déjà eu deux attaques de polyarthrite, et le 4 mars reparaît une nouvelle crise. Température, 39,6. Les articulations sont gonflées et douloureuses. Endocardite avec matité précordiale augmentée. On donne 5 grammes d'antipyrine, plus tard de la morphine.

9 mars. — Augmentation de la fièvre, péricardite. On ajoute à l'antipyrine la digitale et la glace. Les articulations ne sont pas modifiées.

A partir du 13 mars, amélioration de l'affection cardiaque et des arthrites multiples. Fièvre irrégulière. Salicylate de soude : 3 grammes.

19 mars. — Fièvre modérée : on trouve encore des

traces de l'endo-péricardite. Quelques articulations se prennent à nouveau. On donne 2 grammes de phéno-colle en deux doses.

20 mars. — Le coude gauche seul est encore pris. Phénocolle, 5 grammes en cinq doses : le malade transpire le soir; les douleurs ont complètement disparu. Urines caractéristiques.

21 mars. — Phénocolle, 5 grammes : plus rien dans les articulations, le cœur reste stationnaire.

22 mars. — Phénocolle, 5 grammes : un peu de douleurs, sans rougeur ni gonflement, dans l'épaule droite.

23 mars. — Phénocolle, 5 grammes : les deux épaules sont douloureuses.

24 mars. — Phénocolle, 4 grammes : encore un peu d'endolorissement de l'épaule gauche.

25 mars. — Pas de douleurs articulaires.

Le phénocolle a, ici, produit en peu de temps, un effet décongestif sur les arthrites. La température, en revanche, a été peu influencée, car les abaissements de 0°60 à 1,5, quelquefois obtenus, étaient irréguliers et courts. Ce n'est qu'au bout de plusieurs jours (20 grammes en tout), que la fièvre baissa d'une manière régulière, en même temps que l'état général s'améliorait.

7° L..., commis, 21 ans. Rhumatisme articulaire aigu, troubles endocarditiques. Reçu le 26 février 1891.

Les douleurs cèdent à l'influence de l'antipyrine, plus tard du salicylate de soude. Le 16 mars, le malade peut quitter le lit pendant quelques heures.

17 mars. — Les douleurs reparaissent et augmentent malgré l'absorption de 6 grammes de salicylate de soude par jour.

19 mars. — Les douleurs ont beaucoup augmenté. On donne trois doses de phénocolle en 3 grammes, un toutes les trois heures. Forte transpiration dans la journée.

20 mars. — Les douleurs ont pris de l'extension : phénocolle, 5 grammes.

21 mars. — Grande amélioration : même prescription que le 20.

22 mars. — Presque pas de douleurs. Le malade bouge facilement : forte épistaxis le matin. Température entre 36°,8 et 37°,3. Le matin et le soir, 1 gramme de phénocolle.

23 mars. — Plus de douleurs. Température normale : phénocolle, 3 grammes.

24 mars. — Euphorie.

Ici encore la température n'a pas été modifiée, mais on observe un bon effet sur les manifestations rhumatismales sans phénomènes concomitants désagréables.

8° M..., 40 ans, ouvrier. Rhumatisme blennorrhagique, conjonctivite blennorrhagique, gonorrhée secondaire. Entré le 9 mars 1891. Le malade a ressenti le 6 mars des douleurs dans les articulations du pied et du genou.

13 mars. — Les douleurs augmentent et la conjonctivite devient plus intense. La gonorrhée est soignée par des balsamiques.

16 mars. — Mêmes douleurs.

19 mars. — Les arthrites augmentent en nombre. 3 grammes de chlorhydrate de phénocolle.

20 mars. — Pas de changement, ni dans la température, ni dans les fluxions articulaires. 5 grammes de phénocolle.

21 mars. — Pas de changement notable. Phénocolle, 5 grammes.

22 mars. — Pas de changement : on reprend le traitement primitif du 13 mars (antipyrine).

Dans ce cas, le médicament n'a produit aucun effet : les urines ont présenté les réactions caractéristiques.

Les faits observés à la clinique nous apprennent ce qui suit : Le chlorhydrate de phénocolle, dissous dans l'eau d'après les indications du fabricant, donne un liquide limpide d'une saveur salée et amère. La solution fraîche présente une réaction neutre. Plusieurs fois, on a reconnu que les solutions, vieilles de deux jours par exemple, présentaient une réaction alcaline faible, qui s'accentua plusieurs fois avec le temps. On obtint plusieurs fois des vapeurs blanchâtres. en présentant, au-dessus du flacon contenant la solution, un agitateur en verre, humecté d'acide chlorhydrique. Il n'est pas possible d'affirmer qu'il s'agissait là d'ammoniaque, car à l'odorat, l'ammoniaque ne pouvait être décelée (1). Il est possible que cette alcalinité ait modifié le goût de la solution et ait produit le dégoût noté chez le n° 3. Il n'a pas été observé de troubles organiques, même quand les malades prenaient tous les jours 5 grammes de médicament. Il n'y a pas eu non plus d'influence spéciale sur la quantité et la qualité de l'excrétion sudorale. Actuellement, on emploie, à la clinique, le médicament en poudre.

Les propriétés antithermiques du phénocolle ont été étudiées sur des phtisiques avec fièvre hectique irrégulière et altérations pulmonaires avancées, et l'on peut aujourd'hui tenir pour acquis que des doses de 0 gr. 50 abaissent pour un court intervalle de temps la température d'un demi-degré environ.

Des doses de 0 gr. 50, données d'heure en heure (1 gr. 50 en tout), provoquent, mais irrégulièrement, un abaissement de température d'environ 1 degré. Cet abaissement n'est que passager.

---

(1) Nous avons pu reconnaître, contrairement à cette assertion, que des solutions aqueuses de chlorhydrate de phénocolle, placées dans des flacons ouverts ou bouchés, se conservent pendant huit jours intactes à la température moyenne de 15° c.

Des doses de 1 gramme, en une fois, abaissent en général la température de 1 à 1 degré 1/2 dans l'espace de quelques heures. En moyenne, l'abaissement commence au bout d'une heure ou de quelques heures et dure environ deux heures.

On peut parfois, avec 5 grammes répartis sur la journée entière, produire l'état afébrile absolu : il semblerait cependant que l'effet est moins net sur les hyperthermies vespérales que sur celles qu'on observe dans la journée.

La fièvre a toujours reparu, après cessation de l'effet médicamenteux, sous forme d'une ascension graduelle sans troubles particuliers, tels que frissons ou transpirations.

Dans les cas de polyarthrite rhumatismale aiguë grave, ayant résisté aux médicaments usités à la clinique, le phénocolle, aux doses de 5 grammes par jour, a montré une efficacité évidente comme analgésique, mais l'effet antithermique a été nul. La température ne redevenait normale qu'avec l'amélioration des arthrites ou des complications.

Dans un cas de rhumatisme blennorrhagique grave, aucun effet, soit sur la fièvre, soit sur les manifestations articulaires, n'a pu être observé.

Les reins ne paraissent pas avoir subi d'influence nocive quelconque en présence de l'administration du produit nouveau : à la dose de 5 grammes environ, on voit l'urine devenir brun-rougeâtre, dans le genre des colorations que produisent l'hydrobilirubine ou l'antipyrine : on a même observé quelquefois une teinte brun-noirâtre foncée. Cette teinte augmente avec l'exposition prolongée à l'air. En présence de la liqueur de perchlorure de fer, la teinte devient plus foncée encore et nuageuse; l'acide sulfurique concentré l'éclaircit quelque peu, mais ne la fait pas disparaître : on constate des reflets verdâtres quand un rayon lumineux traverse le bocal. L'élimination doit être très rapide, car, douze heures après cessation du médicament, la réaction avec le perchlorure de fer n'est plus possible.

Il est certain que ce médicament nouveau est digne d'être soumis à une expérimentation plus approfondie, car les phénomènes observés jusqu'à ce jour nous ont laissé une impression très favorable.